BEI GRIN MACHT SICH IHR WISSEN BEZAHLT

AF141653

- Wir veröffentlichen Ihre Hausarbeit,
  Bachelor- und Masterarbeit

- Ihr eigenes eBook und Buch -
  weltweit in allen wichtigen Shops

- Verdienen Sie an jedem Verkauf

Jetzt bei www.GRIN.com hochladen
und kostenlos publizieren

Christian Meier

Statistische Tests

GRIN Verlag

Bibliografische Information der Deutschen Nationalbibliothek:

Die Deutsche Bibliothek verzeichnet diese Publikation in der Deutschen National-
bibliografie; detaillierte bibliografische Daten sind im Internet über http://dnb.d-
nb.de/ abrufbar.

Impressum:

Copyright © 2011 GRIN Verlag, Open Publishing GmbH
Druck und Bindung: Books on Demand GmbH, Norderstedt Germany
ISBN: 978-3-656-25047-0

Dieses Buch bei GRIN:

http://www.grin.com/de/e-book/198392/statistische-tests

GRIN - Your knowledge has value

Der GRIN Verlag publiziert seit 1998 wissenschaftliche Arbeiten von Studenten, Hochschullehrern und anderen Akademikern als eBook und gedrucktes Buch. Die Verlagswebsite www.grin.com ist die ideale Plattform zur Veröffentlichung von Hausarbeiten, Abschlussarbeiten, wissenschaftlichen Aufsätzen, Dissertationen und Fachbüchern.

Besuchen Sie uns im Internet:

http://www.grin.com/

http://www.facebook.com/grincom

http://www.twitter.com/grin_com

Hausarbeit

„Statistische Tests."

Seminar:

„Statistik II"

Zuordnung: GS

vorgelegt von Christian Meier

Inhaltsverzeichnis

1   Einleitung

Alt ist die Geschichte vom Esel des Buridan: Hungrig zwischen Heu zur Linken und zur Rechten abgestellt, konnte er sich weder für die eine noch die andere Mahlzeit entscheiden. Seine Zerrissenheit bezahlte der Esel letztlich mit dem Tod. Dieses prominente Beispiel zeigt, dass Entscheidungen zum Leben gehören und es nicht immer einfach ist, dem einen oder dem anderen Verlangen nachzugeben. Wer die Wahl hat, hat bekanntlich die Qual, und so wird jede Entscheidung immer auch mit einem gewissen Grad an Unsicherheit behaftet sein. Nicht sicher ließe sich die Frage beantworten, ob alle Esel in dieser Situation gehandelt hätten wie der des Buridan. Um hier eine allgemeingültige Aussage formulieren zu können, müsste man noch den einen oder anderen Esel vor die Wahl stellen und womöglich opfern. Je mehr Esel dabei zu Probanden werden, um so sicherer könnten wir eine zuverlässige Aussage treffen. Dabei wären erste Rückschlüsse so ungenau wie die Hochrechnungen an jedem Wahlabend um 18.00 Uhr, wenn des Volkes eingefangene Stimmung medial präsentiert wird. Die Rückschlüsse von Umfrageergebnissen aus einer repräsentativen Bevölkerungsgruppe auf die Gesamtbevölkerung werden auch in diesem Fall genauer, je mehr Stimmen ausgezählt werden und sich dem Endergebnis angenähert wird.

Die Erkenntnis, dass es für eine aussagekräftige Prognose nicht notwendig ist, eine in der Regel sehr teure Vollerhebung durchführen zu müssen, verdanken heutige Demographen der Entwicklung einer analytischen bzw. induktiven Statistik, welche in den 1930er Jahren ihre heutige Form erhielt. Seit gut 80 Jahren wird mit Hilfe von Stichproben auf das Verhalten oder den Zustand einer Gesamtheit geschlossen, um generalisierbares Wissen zu erhalten. Gerade im ökonomischen Bereich wird versucht, die Risiken und Unsicherheiten, die aus den Interaktionen der Marktteilnehmer resultieren, kontrollierbar und planbar zu machen. Für jedes Unternehmen ist es von immenser Wichtigkeit, frühzeitig zu wissen, wie sich potentielle Konsumenten verhalten werden. Prozesse, die dazu dienen, frühzeitige Reaktionen der potentiellen Personengruppe aufzuzeigen, haben ihren Ausgangspunkt meist in Hypothesen, die es zu überprüfen gilt.

Hypothesentests und im Besonderen das „Testverfahren für den Erwartungswert" werden Gegenstand dieser Arbeit sein. In einem ersten Teil wird versucht werden, sich dem Begriff Hypothesentest über eine allgemeine Erklärung zu nähern. Diese theoretischen Ausführungen werden ergänzt um die Erläuterung der Testprozedur, inklusive deren einzelner Arbeitsschritte und Fehlerarten. An einem Beispiel werden Null- und Alternativhypothesen im zweiten Teil der Arbeit aufgestellt und nach dem Schema der Testprozedur abgeprüft. Der Schlussbemerkung wird notwendigerweise ein Beispiel vorangehen, an dem nach der Entscheidungsregel die Fehlentscheidungen der α- und β-Fehler vorgeführt werden.

2 Theoretischer Ansatz

2.1 Allgemeine Erklärung Statistischer Tests

Risiken und Unsicherheiten gilt es für Unternehmen am Markt zu vermeiden. Von großer Bedeutung ist ein generalisierbares Wissen über das Verhalten der Marktteilnehmer. Stichproben im Rahmen statistischer Tests sind ein probates Mittel, dieses Wissen zu generieren, da sich an diesen die Hypothesen, die für vermutete Zusammenhänge von Sachverhalten stehen, überprüfen lassen. Statistische Tests dienen folglich der Überprüfung von Hypothesen und unterliegen einem stringenten Ablauf, der Testprozedur. Für einen Hypothesentest ist es zunächst notwendig, dass eine Nullhypothese H_0, die den Status quo beinhaltet, und eine Gegen- oder Alternativhypothese H_1 aufgestellt wird.[1] Zudem werden empirisch gewonnene Daten benötigt, bei denen es sich in den meisten Fällen um die Verteilung eines Merkmals in einer endlichen konkreten Grundgesamtheit handelt. Es kann sich aber auch um die Wahrscheinlichkeitsverteilung einer Zufallsvariable handeln. Als fraglicher Parameter wären der Mittelwert μ, Anteilswert p, die Standardabweichung σ, ein höheres Moment oder eine andere Maßzahl geeignet.[2]

Auf Basis der gewonnenen Werte lässt sich mit einer vorgegebenen prozentualen Sicherheit (1-Irrtumswahrscheinlichkeit) bestimmen, ob die Nullhypothese verworfen werden kann. In Abhängigkeit von der Relevanz der untersuchten Daten bzw. der getroffenen Aussagen ist ein Maß für den Ablehnungsbereich zu wählen. Allgemein hat sich hier ein Signifikanzniveau von $\alpha = 5\%$ etabliert, das angibt im welchen Maß die Hypothese abweichend Anwendung fand und der Irrtumswahrscheinlichkeit von 5% entspricht. Letztlich fällt die Entscheidung zu Gunsten eines bestimmten Testverfahrens in Abhängigkeit von der Art der aufgestellten Hypothese und der Datengüte. Zur Auswahl stehen beispielsweise der t-Test oder der x^2-Test.

In dieser Arbeit soll das Testverfahren anhand eines Beispiels für den Erwartungswert μ näher erläutert werden. Die aufgeworfenen Fragestellungen sind dabei allerdings dieselben wie bei den anderen Teststatistiken.[3] Das Testverfahren für den Erwartungswert μ kommt dann zum Einsatz, wenn quantitative Variablen wie das Einkommen, das Alter oder der Faktor Zeit überprüft und nur eine Grundgesamtheit oder Gruppe untersucht wird.

---

[1] Eckey/ Kosfeld/ Dreger: Lehrbuch, S. 478.
[2] Schira: Methoden, S. 473.
[3] Kosfeld: Formelsammlung, S. 30f.

2.2 Ausführung einer Testprozedur

Fünf Arbeitsschritte werden notwendig sein, um den geplanten Hypothesentest durchzuführen. Die Testentscheidung wird anschließend getroffen werden können. Die Nullhypothese H_0 und die Alternativhypothese H_1 werden im ersten Schritt formuliert. Die Aussage „Alles bleibt beim Alten, nichts hat sich geändert" wird dabei der Nullhypothese zugewiesen. Die Alternativhypothese versteht sich als Verneinung der Nullhypothese und wird in dieser Untersuchung dem Beweisverfahren unterzogen.

Im zweiten Schritt wird das Signifikanzniveau α festgelegt, mit dem die Wahrscheinlichkeit angegeben wird, die Nullhypothese zu verwerfen, obwohl sie richtig ist.

Auf Grund der vorliegenden Daten wird im dritten Arbeitsschritt die Formel zur Berechnung der Prüfgröße festgelegt. Bei der Wahl der Formel sind beispielsweise die Größe der vorliegenden Stichprobe oder die Varianz der Grundgesamtheit entscheidende Kriterien. Neben der im Vorfeld ermittelten Prüfgröße ist der kritische Wert, der im vierten Arbeitsschritt tabellarisch ermittelt wird, der zweite Wert, der bei der Durchführung eines Tests unerlässlich ist. Abgeschlossen wird die Testprozedur zum Einen, indem die beiden im Vorfeld ermittelten Werte miteinander verglichen werden. Zum Anderen ist es dann möglich, über die im Vorfeld aufgestellten Entscheidungsregeln die Hypothese beizubehalten oder zu verwerfen.

Arbeitsschritt	Aktivität
1.	Hypothesenformulierung: Nullhypothese H_0 und Alternativhypothese H_1
2.	Festlegung des Signifikanzniveaus α
3.	Wahl und Berechnung der Prüfgröße $$Z_0 = \frac{\hat{\Theta} - \Theta_0}{\delta_{\hat{\Theta}}}$$
4.	Tabellarische Ermittlung des kritischen Wertes $Z_{1-\alpha}$
5.	Testentscheidung Gegenüberstellung der beiden ermittelten Werte

Tabelle: Aufstellung der Arbeitsschritte zur Durchführung eines statistischen Tests bei normalverteilter Prüfgröße (einseitiger Test)[4]

---

[4] Kosfeld: Statistik II.

5

2.3 Erläuterung der Fehlerarten

Die Ergebnisse einer Stichprobe sind die Basis für Entscheidungen im Rahmen eines Tests, daher sind diese immer mit einem gewissen Grad an Unsicherheit verbunden. Die Wahrscheinlichkeit beim Testen einen Fehler zuzulassen, heißt Irrtumswahrscheinlichkeit oder auch Signifikanzniveau. Dieses wird vor dem Test festgelegt und als übliches Niveau hat sich ein α-Wert in Höhe von 0,05 etabliert. Die Irrtumswahrscheinlichkeit ist die größte Wahrscheinlichkeit für eine irrtümliche Ablehnung der H_0-Hypothese. Im Ergebnis wird hier dann fälschlicherweise die H_0-Hypothese abgelehnt. Es wird von einem Fehler 1. Art, einem α-Fehler, gesprochen.

Schwieriger ist es, die Wahrscheinlichkeit eines β-Fehlers, eines Fehlers 2. Art, zu bestimmen. Bei diesem Fehler wird die Nullhypothese fälschlicherweise beibehalten. Diesen Fehler kann man in der Regel nicht exakt berechnen, denn dazu müsste man den korrekten Parameter der Grundgesamtheit kennen. Folglich kann nur bei spezifischen Alternativhypothesen der β-Fehler angegeben werden. Daneben beeinflussen mehrere Faktoren den β-Fehler. Unter anderem hängt der β-Fehler von der Größe der wahren Unterschiede ab, wenn z.B. μ_1 nur minimal kleiner ist als μ_0, dann ist die Wahrscheinlichkeit für einen β-Fehler sehr groß, da der Test den geringen Unterschied nicht entdecken würde. Auch besteht ein Zusammenhang zwischen den Fehlerarten α und β, denn hier gilt: Je kleiner α gewählt wird, desto größer ist β. Dieser Zielkonflikt wird auch gern als „Entscheidungsdilemma beim Hypothesentest" bezeichnet, denn bei einem festen Stichprobenumfang können der α- und der β-Fehler nicht gleichzeitig gesenkt werden. Wird der α-Fehler verringert, muss sich der β-Fehler erhöhen und umgekehrt. Der α-Fehler, nicht so der β-Fehler, lässt sich kontrollieren, da er vom Anwender des Hypothesentests in Form des Signifikanzniveaus vorgegeben wurde. Zusätzlich hängt β auch von der „Breite" der Mittelwerteverteilung ab, also vom Standardfehler ox. Auch spielt die Größe der Stichprobe eine Rolle, mit zunehmender Stichprobengröße wird β kleiner, da der Standardfehler mit wachsendem Stichprobenumfang kleiner wird.[5]

---

[5] Nachtigall/ Wirtz: Wahrscheinlichkeitsrechnung, S. 129f.

Wirklichkeit \\ Entscheidung	Nullhypothese H_0 richtig	Nullhypothese H_0 falsch
Nullhypothese H_0 beibehalten	Richtige Entscheidung $P(H_0|H_0) = 1-\alpha$	Falsche Entscheidung (Fehler 2. Art) $P(H_0|H_1) = \beta$
Nullhypothese H_0 abgelehnt	Falsche Entscheidung (Fehler 1. Art) $P(H_1|H_0) = \alpha$	Richtige Entscheidung $P(H_1|H_1) = 1-\beta$

Tabelle: Testentscheidung und Realität[6]

[6]Kosfeld: Statistik II.

3   Praktische Untersuchung

Seit vielen Jahren treffen sich Ganzgenau und Skeptik, beide Professoren an der Kasseler Universität, um gemeinsam zur ersten Veranstaltung eines jeden neuen Semesters zu laufen. Tradition ist es, dass sich die Professoren darüber austauschen, dass jedes Jahr das Gefühl vorherrscht, die Anzahl neu immatrikulierter Studierender steige. Beide sind sich einig, dass sich die Studienbedingungen für die neuen Hochschüler seit Jahren verschlechtert hätten.

In diesem Zusammenhang berichtet Skeptik, dass er gelesen habe, dass sich das Studium, gerade auf Grund gestiegener Mietausgaben, stetig verteuere. Ganzgenau erwähnt einem Mietspiegel, der die Situation an 54 Hochschulstandorten beschreibt, nach dem die bundesdurchschnittliche Miete für Studierende 250,00 € betragen würde. Skeptik behauptet jedoch, dass mindestens 270,00 € zu zahlen wären und die Stichprobe von 54 Universitäten nicht aussagekräftig sei.

Ganzgenau will der Sache nachgehen und beschafft sich den besagten Mietspiegel zum Mietniveau an 54 Hochschulstandorten.7 Diesem kann er unter anderem entnehmen, dass der jeweils durchschnittliche Mietzins in München mit 348,00 € am höchsten und in Chemnitz mit 210,00 € am niedrigsten ist. Für Kassel bedeuten 260,00 € für einen angemieteten Wohnraum Platz 40 in diesem Ranking. Immerhin einen Euro mehr zahlt man im benachbarten Paderborn und das sich damit den 41. Platz mit der niedersächsischen Metropole Osnabrück teilt.

Mit Hilfe der vorliegenden Tabelle aus dem „Spiegel" bestimmt Ganzgenau das arithmetische Mittel für die Angaben zu den 54 Universitätsstädten8, das als repräsentative Stichprobe gelten soll. Mit 278,94 € liegt das arithmetische Mittel nun über dem eigenen vermuteten Wert von 250,00 €. Um seine Behauptung allerdings aufrecht zu erhalten, führt Ganzgenau den folgenden Hypothesentest durch.

7www.spiegel.de/unispiegel abgerufen am 28. Oktober 2011.
8Die einzelnen Städte sind in der Tabelle im Anhang wiedergegeben.

3.1 Hypothese 1: Durchschnittliche Mietausgaben, 250,00 €

Arbeitsschritt 1:   *Aufstellen einer Nullhypothese H_0 und einer Alternativhypothese H_1[9]*

$$H_0 : \mu_0 = 250 \qquad \text{und} \qquad H_1 : \mu_0 \neq 250$$

Auf Grund der formulierten Alternativhypothese H_1 ist zu erkennen, dass es sich hier um einen zweiseitigen Test handelt.

Arbeitsschritt 2:   *Festlegung des Signifikanzniveaus α*

Das Signifikanzniveau wird auf 5% festgelegt, wobei auch andere Werte denkbar wären, um die Hypothese von Ganzgenau gegenüber Skeptik zu behaupten.

Arbeitsschritt 3:   *Wahl und Berechnung der Prüfgröße*

Als statistischer Test bietet sich der *einfache Gauß-Test* an, da (1.) die beobachteten Werte (n) größer 30 sind und (2.) die Varianz der Grundgesamtheit zum Einen unbekannt und zum Anderen über die Stichprobe nur geschätzt werden kann. Für die Varianz ergibt sich daher folgende Formel:

$$S^2 = \frac{1}{n-1} * \sum_{i=1}^{n} (X_i - \overline{X})^2$$

Die Prüfgröße errechnet sich wie folgt:

$$Z_0 = \frac{\overline{X} - \mu_0}{\frac{S}{\sqrt{n}}} = \frac{278,94 - 250}{\frac{29,49}{\sqrt{54}}} = \frac{28,94}{4,01}$$

$$Z_0 = 7,217$$

---

[9]Kosfeld: Formelsammlung, S. 30f.

9

<u>Arbeitsschritt 4:</u>   *Tabellarische Ermittlung des kritischen Wertes*

Bei dem zweiseitigen Test ist das $(1-\alpha/2)$-Quantil der Standardnormalverteilung aus den vorliegenden Tabellen zu bestimmen:

$$Z_{1-\alpha/2} = Z_{0,975} = 1,96$$

<u>Arbeitsschritt 5:</u>   *Entscheidungsregel (Testentscheidung)*

$$(\mid Z_0 \mid = 7,217) > (Z_{0,975} = 1,96) => H_0 \text{ ist abzulehnen}$$

Die errechnete Prüfgröße für den geschätzten Mietdurchschnitt von 250,00 € liegt mit 7,217 deutlich über der Prüfgröße von 1,96. Die Hypothese auf einem Signifikanzniveau von 5% ist nicht zu halten. Die Ausweitung des Annahmebereiches bis auf ein Niveau von 0,999 ändert daran nichts. Die relevante Prüfgröße von 3,2910 liegt deutlich unter dem errechneten Wert.

H_0 ist folglich abzulehnen.

Nachdem H_0 abzulehnen ist, bleibt offen, ob die Hypothese von Skeptik stimmt, wonach die Mietausgaben mindestens 270,00 € betragen.

3.2   Hypothese 2: Durchschnittliche Mietausgaben von mindestens 270,00 €

<u>Arbeitsschritt 1:</u>   *Aufstellen einer Nullhypothese H_0 und einer Alternativhypothese H_1:*

$$H_0 : \mu_0 \leq 270 \qquad \text{und} \qquad H_1 : \mu_0 > 270$$

Auf Grund der Formulierung der Alternativhypothese H_1 ist zu erkennen, dass es sich hier um einen rechtsseitigen Test handelt.

<u>Arbeitsschritt 2:</u>   *Festlegung des Signifikanzniveaus α*

Das Signifikanzniveau wird auf übliche 5% festgelegt. Möglich wären auch zwei andere

Entscheidungen, so 10% mit einer schwachen Signifikanz bei der Verwerfung von H_0 und auch 1% bei einer hohen Signifikanz der Verwerfung von H_0.

<u>Arbeitsschritt 3:</u>   Wahl und Berechnung der Prüfgröße

Als statistischer Test bietet sich der *einfache Gauß-Test* an, da (1.) die beobachteten Werte (n) größer 30 sind und (2.) die Varianz der Grundgesamtheit zum Einen unbekannt und zum Anderen über die Stichprobe nur geschätzt werden kann. Für die Varianz ergibt sich daher folgende Formel:

$$S^2 = \frac{1}{n-1} * \sum_{i=1}^{n} (X_i - \overline{X})^2$$

Die Prüfgröße errechnet sich daher wie folgt:

$$Z_0 = \frac{\overline{X} - \mu_0}{\frac{S}{\sqrt{n}}} = \frac{278{,}94 - 270}{\frac{29{,}49}{\sqrt{54}}} = \frac{8{,}94}{4{,}01}$$

$$Z_0 = 2{,}229$$

<u>Arbeitsschritt 4:</u>   *Tabellarische Ermittlung des kritischen Wertes*

Bei einem einseitigen Test ist das $1\text{-}\alpha$-Quantil der Standardnormalverteilung aus den vorliegenden Tabellen zu bestimmen:

$$Z_{1\text{-}\alpha} = Z_{0{,}95} = 1{,}645$$

<u>Arbeitsschritt 5:</u>   *Entscheidungsregel (Testentscheidung)*

$$(Z_0 = 2{,}229) > (Z_{0{,}95} = 1{,}645) \Rightarrow H_0 \text{ ist abzulehnen}$$

Auch hier übersteigt die Prüfgröße den kritischen Wert. Die von Skeptik formulierte Nullhypothese ist nach der Testprozedur abzulehnen. Die in der Stichprobe ermittelten Mietausgaben weichen damit signifikant von seiner als falsch zu verwerfenden Hypothese ab. Wichtig hierbei ist, das Skeptiks eigentliche These richtig ist, da die anfallenden Mietausgaben tatsächlich mindestens 270,00 € betragen.

3.3 Fehlentscheidungen α- und β-Fehler

Entsprechend der Richtigkeit der Hypothese H_0 oder H_1, lassen sich zwei Fehlerarten unterscheiden. Wird H_0 fälschlicherweise abgelehnt, handelt es sich um einen Fehler 1. Art. Wird H_0 beibehalten, obwohl die Hypothese falsch ist, handelt es sich um einen Fehler 2. Art. Der Fehler 1. Art ist gleich dem vorgegebenen Signifikanzniveau und muss daher nicht berechnet werden. Er entspricht der gewählten Irrtumswahrscheinlichkeit, demnach wäre der Fehler 1. Art bei einer gewählten Irrtumswahrscheinlichkeit von 5% auch 5%.

Bei der Berechnung der Hypothese I wurde das Signifikanzniveau verändert und damit der Annahmebereich. Trotz der Ausweitung des Annahmebereichs lag die errechnete Prüfgröße bei beiden Werten deutlich über den ermittelten Prüfgrößen, so dass die Hypothese I trotz veränderten Annahmebereichs nicht zu halten war. Bei der Hypothese II wurde das Signifikanzniveau auf 5% gesetzt und auch beibehalten, auch hier überstieg die Prüfgröße den kritischen Wert und H_0 wird abgelehnt.

Fehlentscheidung Fehler 2. Art

Annahme: Die durchschnittliche Belastung aller Studierenden läge bei 260,00 € bei einer Grundgesamtheit von fiktiven N=100 Universitäten in Bezug auf die Stichprobe des Spiegelartikels (n=54). Wie groß ist die Wahrscheinlichkeit, dass die Behauptung von Ganzgenau irrtümlich beibehalten wird? Das Signifikanzniveau α ist mit 0,05 vorgegeben.

Schritt 1:   *Berechnung des Beibehaltungsbereichs*

$$\overline{\sigma X} = \frac{s}{\sqrt{n}} \cdot \frac{\sqrt{N-n}}{N-1} = \frac{29,49}{\sqrt{54}} \cdot \sqrt{\frac{100-54}{100-1}} = 2,736$$

$$\left[0;250 + z \cdot \overline{\sigma X}\right] \text{ für } 1 - \alpha = 0,95 \rightarrow z = 1,645$$

$$z \cdot \sigma \overline{X} = 1{,}645 \cdot 2{,}736 = 4{,}5$$

Beibehaltungsbereich: $[0;254{,}50]$

Schritt 2:   Berechnung: β-Fehler bei μ = 260

Es ist die Wahrscheinlichkeit zu berechnen, bei der das Stichprobenmittel kleiner gleich der oberen Grenze des Beibehaltungsbereiches 254,50 und wenn μ = 260 ist.

$$\left(\overline{X} \leq 254{,}50 \mid \mu = 260 \,\sigma = 2{,}736 \right)$$

$$\left(z = \frac{254{,}50 - 260}{2{,}736} = -2{,}01 \mid 0;1 \right) = 0{,}0222$$

Die Wahrscheinlichkeit, dass H_0 irrtümlich beibehalten wird, wenn die tatsächliche monatliche Belastung 260,00 € beträgt, beläuft sich auf 2,22%.

4 Schlussbemerkung

Das Ziel eines Hypothesentest besteht darin, auf Grund einer repräsentativen Stichprobe zu prüfen, ob ein vermuteter Zusammenhang als wahr angenommen werden kann oder verworfen werden muss.

Die Behauptung von Ganzgenau, wonach die durchschnittlichen Mietausgaben der Studierenden 250,00 € betragen, lässt Spielraum für die Hypothesengestaltung. Beide Seiten des Tests sind von Interesse, so dass ein zweiseitiger Test gewählt wurde, bei dem auf beiden Seiten der Stichprobe Abweichungen möglich sind. Die Fehlerwahrscheinlichkeit α wird symmetrisch auf beide Seiten aufgeteilt. Der Wert der errechneten Prüfgröße von Ganzgenau fällt auch hier nicht in das Intervall, so dass die Hypothese nicht zu halten ist. Trotz einer Ausweitung des Ausnahmebereiches bis auf ein Niveau von 0,999 wird auch die Hypothese H_0 abgelehnt.

Der Hypothesentest, der auf Grund der Behauptung Skeptiks formuliert wurde, ist ein einseitiger Test. Hier überstieg die im Test ermittelte Prüfgröße den kritischen Wert. Daher wurde auch diese Nullhypothese, wonach die monatlichen Mietausgaben der Studierenden mindestens 270,00 € betragen, im Bereich des Signifikanzniveaus von 5% abgelehnt. Die Aussage Skeptiks weicht damit auch signifikant vom durchschnittlichen Mietpreis für Wohnraum aus der Stichprobe des Spiegelartikels ab.

Skeptiks Sorge, wonach die vorliegende Stichprobe von 54 Universitäten nicht repräsentativ sein könnte, bleibt bestehen, da es in der Bundesrepublik Deutschland 415 Hochschulen gibt. Der Fakt, dass es 415 Hochschulen gibt, kann als die eigentliche Grundgesamtheit bezeichnet werden. Erinnert sei daran, dass die Grundgesamtheit die Menge aller möglichen Objekte ist, über die im Zuge einer statistischen Erhebung eine Aussage gemacht werden soll. Zudem muss die Grundgesamtheit immer exakt definiert sein und ihre Größe kann begrenzt oder unbegrenzt sein. In der hier vorliegenden Stichprobe von 54 Universitäten konnte ein arithmetisches Mittel von 278,93 € bestimmt werden. Im Bezug auf die eigentliche Grundgesamtheit berechnet das Hochschul-Informations-

System einen Mittelwert von 281,00 €10. Die Differenz der beiden Mittelwerte kann als marginale Abweichung eingestuft werden. Die Stichprobe ist diesbezüglich als erwartungstreu zu bezeichnen.

Ein Problem könnte entstehen, wenn eine andere Streuung der Städte aus der Grundgesamtheit getroffen werden würde als in der vorhandenen Stichprobe. Hierdurch wäre die geschätzte Standardabweichung von 29,49 ungenau. Die Folge wäre, dass auch die Grundgesamtheit durch die errechneten Z-Werte für die Hypothesenprüfung nicht korrekt wiedergegeben wären und die Thesen irrtümlich abgelehnt würden. Die Wahl der Studienorte, welche in der Spiegelstudie enthalten sind, scheint den Grundsätzen der erforderlichen Ausgewogenheit zu entsprechen. Boomregionen sind ebenso enthalten wie auch eher provinzielle Gegenden mit geringem Mietspiegel. Eine starke Verzerrung der Standardabweichung kann ausgeschlossen werden. Die vorliegende Stichprobe von 54 Hochschulstädten kann insgesamt als repräsentativ gelten.

Konsequenzen bei solchen Testdurchführungen ergeben sich auch für α- und β-Fehler. Bei der Konstruktion eines statistischen Tests ist es nicht schwer, das Fehlerrisiko α zu verkleinern, vor allem dann nicht, wenn man im Gegenzug einen größeren β-Fehler in Kauf nimmt und umgekehrt. Die Reduzierung beider Fehler ist möglich, wenn man den Umfang der Stichprobe erhöht und höhere Kosten für den Test akzeptiert.[11] Ökonomische Überlegungen spielen folglich häufig bei der eigentlichen Bewertung und Wahl eines Testverfahrens eine wesentliche Rolle. Vollerhebungen gelten als ebenso teuer und aufwendig wie die Wahl großer Stichproben. Mit Hilfe einer Stichprobe wird daher versucht, auf das Verhalten oder den Zustand einer Gesamtheit zu schließen.[12] Auch bei dem eingangs der Arbeit angeführten Beispiel reicht es einen Esel vor die Wahl zu stellen, ob Heu von der linken oder der rechten Seite zuerst gefressen wird. Das Gleichnis, das nach der Entscheidungsfreudigkeit des Willens bei zwei absolut gleichen Alternativen fragt, lässt sich auch an Hand der Beobachtung dieses einen Esels verstehen und bedarf keiner weiteren Stichproben, sofern man (k)ein Esel ist.

---

[10]www.studis-online.de/StudInfo abgerufen 28. Oktober 2011.
[11]Schira: Methoden, S. 500.
[12]Lindenberg/ Wagner: Statistik,S. 155.

Literaturverzeichnis:

Bourier, Günther: Statistik-Übungen – Beschreibende Statistik Wahrscheinlichkeitsrechnung Schließende Statistik. Wiesbaden 2011[4]. Gabler Verlag.
[kurz: Bourier: Übungen, S.]

Eckay, Hans-Friedrich/ Kosfeld, Reinhold/ Dreger, Christian: Statistik Lehrbuch Grundlagen – Methoden – Beispiele. Wiesbaden 2002[3]. Gabler Verlag.
[kurz: Eckay/ Kosfeld/ Dreger: Lehrbuch, S.]

Kosfeld, Reinhold: Formelsammlung Statistik II. Stand 10/2010.
[kurz: Kosfeld: Formelsammlung, S.]

ders.: Vorlesung Statistik. Statistik II. Wintersemester 2010/11.
[kurz: Kosfeld: Statistik]

Lindenberg, Andreas/ Wagner, Irmgard: Statistik macchiato. Cartoon Stochastikkurs. Illustriert von Peter Fejes. München 2007. Pearson Studium.
[kurz: Lindenberg/ Wagner: Statistik, S.]

Nachtigall, Christof/ Wirtz, Markus: Wahrscheinlichkeitsrechnung und Inferenzstatistik. Statistische Methoden für Psychologen. 2. Teil. Weinheim/ München 2004[3]. Juventa Verlag. [kurz: Nachtigall/ Wirtz: Wahrscheinlichkeitsrechnung, S.]

Schira, Josef: Statistische Methoden der VWL und BWL. München 2009[3].
Pearson Studium.
[kurz: Schira: Methoden, S.]

Onlinequellen:
Christoph Tietz: Warum studieren ein Knochenjob ist.
http://www.spiegel.de/unispiegel/studium/0,1518,690718,00.html

[kuz: www.spiegel.de/unispiegel abgerufen am 28. Oktober 2011.]

http://www.studis-online.de/StudInfo/Studienfinanzierung/kosten.php abgerufen 28. Oktober 2011.
[kurz: www.studis-online.de/StudInfo abgerufen 28. Oktober 2011.]